水景小花园

卢璇 主编

办公室心情疗愈法

黑龙江科学技术出版社
HEILONGJIANG SCIENCE AND TECHNOLOGY PRESS

图书在版编目（CIP）数据

水景小花园：办公室心情疗愈法 / 卢璇主编．--
哈尔滨：黑龙江科学技术出版社，2018.9
ISBN 978-7-5388-9808-8

Ⅰ．①水… Ⅱ．①卢… Ⅲ．①观赏园艺 Ⅳ．① S68

中国版本图书馆 CIP 数据核字 (2018) 第 122398 号

水景小花园：办公室心情疗愈法

SHUIJING XIAOHUAYUAN : BANGONGSHI XINQING LIAOYUFA

作　　者　卢　璇
项目总监　薛方闻
责任编辑　宋秋颖
策　　划　深圳市金版文化发展股份有限公司
封面设计　深圳市金版文化发展股份有限公司
出　　版　黑龙江科学技术出版社
　　　　　地址：哈尔滨市南岗区公安街 70-2 号　邮编：150007
　　　　　电话：（0451）53642106　传真：（0451）53642143
　　　　　网址：www.lkcbs.cn
发　　行　全国新华书店
印　　刷　深圳市雅佳图印刷有限公司
开　　本　723 mm × 1020 mm　1/16
印　　张　9
字　　数　120 千字
版　　次　2018 年 9 月第 1 版
印　　次　2018 年 9 月第 1 次印刷
书　　号　ISBN 978-7-5388-9808-8
定　　价　35.00 元

Preface 前言

人类是大自然的孩子，与自然界的长时间脱离会让我们感到不适。看久了电脑，眼睛会觉得酸涩疲劳，这时如果能观赏一下植物，眼睛就会变得舒适。一直以来，回归自然是我们的向往，而种一盆绿植，是让我们直接感受到大自然清新气息的最简单的方式。

其实，我们的办公桌上不乏绿植的身影，然而养护植物总是让人头痛。有没有想过，不被泥土、水尘弄脏桌面，不必过多养护，不用投入太多时间就能拥有种花植草的惬意生活呢？

植物水培省时、简单、易养护，可让你轻松拥有自己的水景小花园。用水培植物装饰我们的办公室，可以给枯燥的办公生活加点调味剂，还能让我们享受创作的乐趣，在不知不觉中释放内在压力，舒缓心情。

目录

Contents

Part 01

水培小知识

Part 02

早安 唤醒一天的元气

Part 03

午休时刻 轻松疗愈心情

Part04

下班啦 放飞心灵

Part05

假日里 修身养性小水景

Part 01

水培小知识

从这里开始

进入水景小花园的奇妙之旅

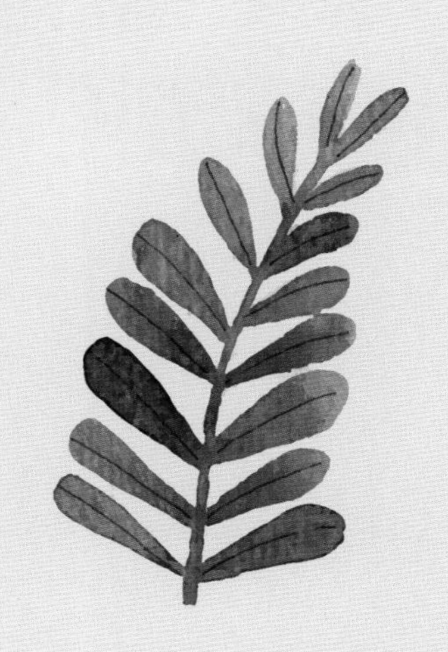

水培的原理

“水培”顾名思义是用水来培养，是一种区别于土壤种植的栽培方法。具体是指将植物的部分根系置于营养液中，而其余部分任其生长在空气中的一种无土栽培方法。

水生植物不怕水的秘密

很多植物的根系积水后会缺氧腐烂甚至死亡，而水生植物长期浸没在水中，为何不仅没有腐坏反而还生机盎然呢？这是因为，与陆生植物相比，水生植物的细胞排列更为松散，通气组织很发达，在水中便可实现气体交换，进行呼吸。

陆生植物水培的原理

陆生植物的细胞排列紧密，没有适应水下环境的通气组织，通常采用土壤基质栽培。而目前将陆生植物进行水培也是常见的事情了，那么这又是什么原理呢？

其实，水培陆生植物是指通过对其根系进行水生诱变，使其长出能够适应水环境的水生根系。这些水生根系能够在水中呼吸，从而得以在水里长期生长。

所有植物都可以水培

从生物进化的角度来看，陆生植物是由水生植物进化而来的，因此理论上所有植物都可以水培。而在实际生活中，常以草本植物为水培对象，那是不是木本植物不能水培呢？

木本植物一般株型较大，水培起来操作困难。更根本的原因是，木本植物由草本植物进化而来，且进化程度较高，对水环境的适应能力不及草本植物。也就是说，木本植物诱导水生根的难度较大。

制作水景小花园的植物

小型水生植物是最简单、易培植成功的水培对象。

小水芹

小水芹即水蕨，喜光。水上叶挺直，绿色；水中叶脆弱，淡绿色。

绿金钱

绿金钱是挺水性水草，生长较缓慢，喜较低水温，水温若超过 30℃，它会停止生长。

绿羽毛

绿羽毛是沉水或挺水性水草，叶片 5~7 枚轮生。喜光，每天以 3~5h 的直射光照射为宜。

莫丝

莫丝的种类繁多，兼有陆生、水生和半水生三种，没有固定的根、茎、叶。

湖柳

湖柳，沉水性，栽培容易，生长速度很快，株型较大。

红宫廷

红宫廷，挺水性，水下叶柔软、长卵形，水上叶硬挺、圆形。喜光，容易成活，生长迅速。

虾藻

虾藻即菹草，沉水性水草，叶条状披针形，叶缘波状，茎节有分枝。

狐尾藻

狐尾藻为沉水性草本，根状茎发达，节部生根，叶通常 4 片轮生。

满江红

满江红又名红苹、绿苹，是漂浮性水草。叶片极小，鳞片状，带红褐色。

芝麻萍

芝麻萍即青萍，叶色浅绿，叶面光滑。属漂浮性水草，易栽培，易生长。

红松尾

红松尾水上叶比水下叶宽，充足的光照和肥料有利于其保持鲜艳的红色。

芙蓉莲

芙蓉莲也叫大藻、大叶莲、水浮莲，多年生漂浮性水生植物。

圆心萍

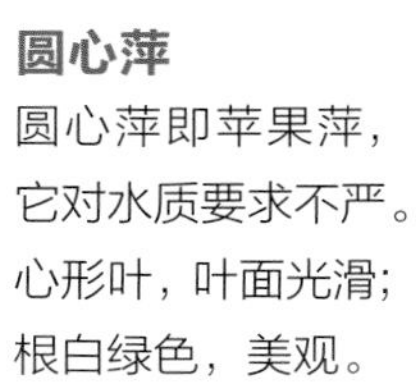

圆心萍即苹果萍，它对水质要求不严。心形叶，叶面光滑；根白绿色，美观。

铜钱草

铜钱草形似小伞，也被叫作香菇草，为挺水或湿生植物，扦插繁殖易成活。

菖蒲

菖蒲有香气，可用于提取芳香油，但全株有毒，不可食用，接触后须洗手。

旱伞草

旱伞草又叫风车草，挺水植物，茎干细长，叶着生在茎顶端，呈伞状。

室内的光线一般较暗，因此耐阴的植物是养殖的首选，我们常见的室内植物多数属于此类：

心愿蕨

心愿蕨喜阴，喜湿，叶片革质，簇生，叶边缘着生红棕色的细毛。

迷你鸟巢蕨

迷你鸟巢蕨即山苏花，喜阴，叶簇生，叶柄暗棕色，木质。

金丝雀珊瑚蕨

金丝雀珊瑚蕨是常绿草本植物，全株嫩绿色，多分枝，枝叶茂密，喜低温湿润环境。

夏雪银线蕨

夏雪银线蕨适于室内种植，叶色白绿相间，叶柄细长，枝叶形态优雅，清新美丽。

白发藓

白发藓颜色清新，易于搭配，喜阴暗潮湿环境，生长密集整齐，如软毯。

碧玉

碧玉的学名为豆瓣绿，叶色碧绿，叶片近圆形，肉质，着生紧密，茎多分枝，在下部茎节上可生根。

吊兰

吊兰，叶片线形，叶绿色或有条纹，肥厚的肉质根亦有观赏价值。

粉掌

粉掌的佛焰苞为粉色，现在水培粉掌较为常见，水培时要注意避光。

如意皇后

如意皇后又叫作如意万年青、彩叶粗肋草、彩叶亮丝草。其叶色鲜艳美丽，特别耐阴。

网纹草

网纹草叶脉清晰呈网状，品种较多，色彩多变，形态多样。喜高温高湿环境，耐阴。

绿萝

绿萝叶片翠绿、薄、革质，生长快速，气生根发达，适于水培。

皱叶冷水花

皱叶冷水花是多年生常绿草本植物，叶片皱缩状，卵形至长卵形。适于半阴多湿的环境。

钻石豆瓣绿

钻石豆瓣绿的叶片肥厚、质硬，叶色为白绿条纹相间。

爱之蔓

爱之蔓即吊金钱，又名心心相印。其叶色特别，叶形呈可爱的心形。

文竹

文竹又名云片松、云竹。其叶状枝形似针，而真正的叶着生在叶状枝的基部，为淡褐色鳞片状。

可爱小巧的多肉植物也可以水培：

白牡丹

白牡丹叶片互生，呈莲座状，灰白至灰绿色，被白粉，充足的光照下叶尖会变成粉红色。

广寒宫

广寒宫叶片呈淡淡的粉紫色，叶表有厚厚的白粉，阳光充足的时候，叶色更为鲜艳。

丽娜莲

丽娜莲肉质的叶片呈卵圆形，中间向内凹，顶端有小尖，叶面带有粉色。

绿之铃

绿之铃又名珍珠吊兰，小叶子饱满翠绿，似珍珠、如铃铛，适于垂吊种植。

雅乐之舞

雅乐之舞，肉质的小叶呈卵形，浅绿色带有粉红色晕，交互着生于茎上，如优雅的舞者。

旋叶姬星美人

旋叶姬星美人，植株呈蓝绿色，近椭圆的迷你叶片交互环生，紧密生长。

还有一些易水培的观叶木本植物也值得一试：

千叶吊兰

千叶吊兰为常绿灌木，木质茎细长、红褐色，叶小、呈心形或圆形，垂悬生长，姿态优美。

富贵竹

富贵竹又名转运竹，为龙舌兰科常绿植物，茎叶似竹子，茎干直立有节，叶长形披针状。

袖珍椰子

袖珍椰子又名袖珍竹、秀丽竹节椰、幸福棕。常绿小灌木，喜高温高湿半阴环境。

罗汉松

罗汉松是常绿针叶乔木，叶色深绿，叶片革质、细条状、披针形，螺旋状着生。

常春藤

常春藤适于垂挂造型，四季常绿，叶形美观，有花色和纯色之分。

迷你发财树

迷你发财树是由发财树培育而来的小型品种，种植起来更方便。

栀子花

栀子花的叶常绿，花芳香，水培易生根，可水培开花。

水培的容器

水培植物一般使用透明花瓶，这样既可以观赏植物的全貌，又能随时观察水质、水量和植物生长情况。

另外，水培植物在透明容器中生长能获得更多的光照。

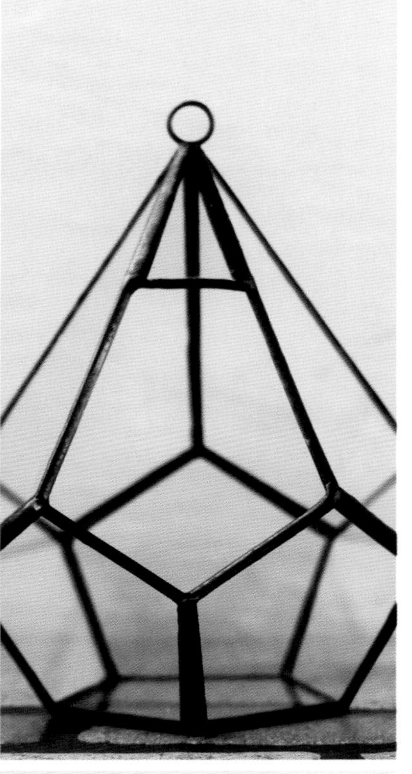

水培容器除了可以去商店选购，也可以就地取材，将生活中的各种瓶、杯、碗利用起来。

水培过程中我们会发现很多容器常常难以固定植物，这时候就要用到固定神器定植篮了。可以随盆购买合适尺寸的定植篮，也可以自己动手做简单实用的定植篮。

土培改水培最关键的一步

土壤中有大量的有机质和细菌等，若直接将土培植物泡在大量的水中，它们就容易腐烂，滋生病虫害。所以土培植物改为水培，最关键的就是要将植物彻底地脱土洗根。

脱土的方法：

取出土中的植物，轻轻拍打、抖动根系，除去大部分土壤。再将植物置于清水中浸泡，待根上土壤松软后，细心清洗，缓流冲净。若还有土壤残留，可用牙签等工具一点点剔除。

根叶修剪的方法：

洗净泥土后，可根据植物根系生长的情况，适当剪除老根、病根、老叶和黄叶。修剪完后，再放在清水中清洗一遍，冲去剪时留下的根毛残渣，以免带入水培器具中造成污染。

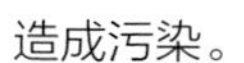

根部消毒：

根部消毒是解决烂根的好办法，一般用质量分数为 0.3% 的高锰酸钾溶液或百菌清溶液进行消毒，将植物根系放入其中浸泡 10 分钟左右即可。

营养肥的施用准则

我们都知道，水中的营养物质有限，不能完全提供植物长期生长所需的各类元素。仅仅使用水来培养植物，后期就会出现茎枝细弱、叶黄、生长缓慢、烂根、缺素症等症状。所以必须人为添加养分，使水培植物能正常生长繁殖。

花市、网店里各类液体肥应有尽有，购买和使用都很方便。

一般只用基础营养液就可以使植物维持正常生长，如常见的莫拉德营养液。另外，还可以根据情况使用氮肥、磷肥、钾肥、铁肥等。

施肥时最重要的是要控制好用量，最根本的原则是根据植物需肥量施用，宜少不宜多。

如何掌握植物的施肥量

有的植物喜欢丰富的营养，而有些施肥稍多就容易烧苗。要分辨植物的耐肥性，最直接的方法是看植物的根。根系粗壮的植物往往更加耐肥，如吊兰、合果芋、富贵竹等，可适度提高肥的浓度，勤施肥。而在给根系细弱的植物施肥时，要遵循低浓度、低频率、低肥量的原则。

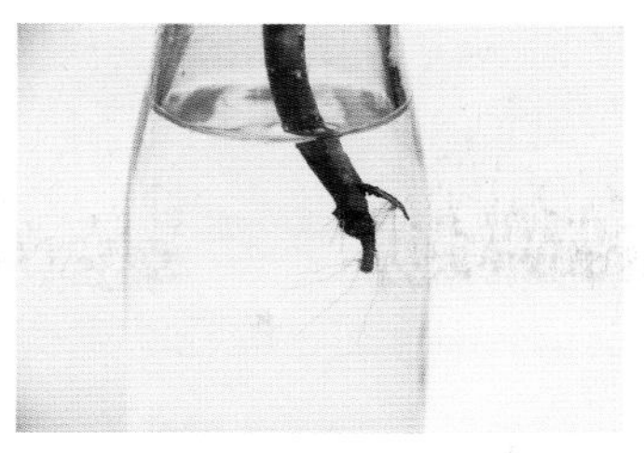

什么时候开始施肥

刚水培的植物还未适应环境，不能急于施肥。待其长出水生根时，方可按比例加入营养液等。

不同的植物需要不同的营养

水培观叶类的植物，重点在于保证其叶片的营养充足，才能生长良好、叶色纯正。施肥时应以氮肥为主，磷肥、钾肥为辅。特别需要注意的是，对于彩叶、花叶类的植物，氮肥施用过多时，叶色会变淡，花纹会变浅，此时应适当减少氮肥，增加磷肥、钾肥的比重。

水培观花类植物，如何才能开花呢？抓住施肥的时机是关键，花芽分化和花芽发育时是施肥的最佳时机。磷肥、钾肥有利于植物生殖生长，此时应主要施磷肥、钾肥，辅以氮肥。

好看又好用的基质

如果觉得直接用水来种植物太单调也不够美观，那么你可以选择不同的基质来丰富你的水景小花园。基质同时还具有固定植物的重要作用。

自然石

鹅卵石、珊瑚骨、河沙、火山石等未经雕琢，自然气息十足，用这一类的原色石头对水培植物进行装饰，文艺范儿十足。

碎石头

鹅卵石

珊瑚骨

加工石

白玉石、彩色细沙、染色石头等精细加工后的石头，色彩丰富、整洁美观，使用这一类加工石不仅装饰性强，还可以让水培更加精致、鲜艳，固定植物的效果也非常好。

人工处理的细沙

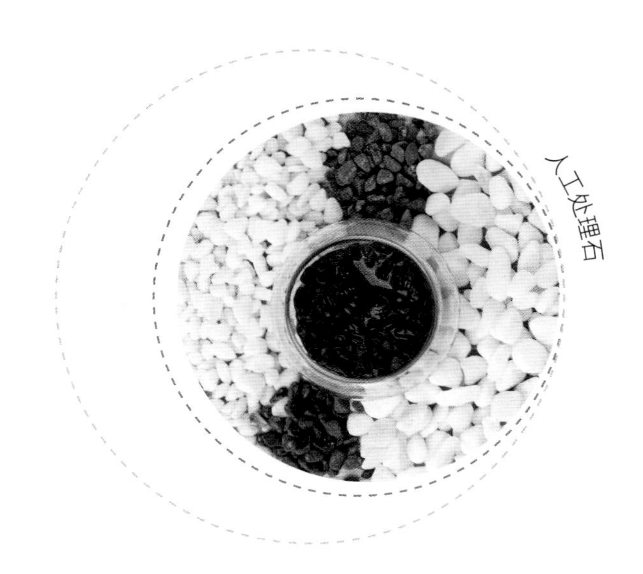

人工处理石

人造基质

水晶花泥、玻璃砂和亚克力仿真石等放在水中会越发漂亮，用来装饰水培植物是再适合不过了。其不仅能增添水培作品的色彩，还能完美地体现水的灵动和通透。

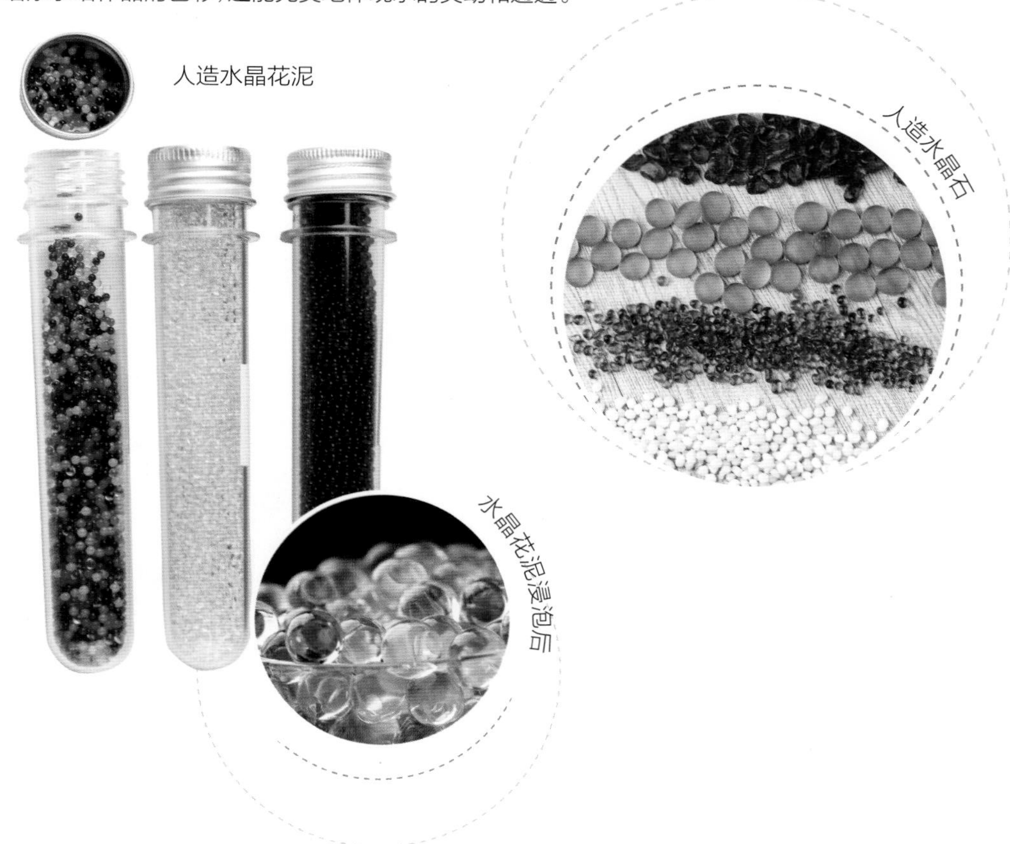

人造水晶花泥

人造水晶石

水晶花泥浸泡后

装饰小物

为了让水培植物更加赏心悦目、富有意义，除了可以在基质上下功夫，还有很多的装饰小物值得一试。

增加浪漫气息的蕾丝，富有文艺情怀的麻绳，激发创意的金属丝，还有各种微型仿真装饰品都是让水培作品更精致的好帮手。这些小物给水景小花园艺术生命，像是在讲述美丽的故事。

Part 02

早安 唤醒一天的元气

用水草的清新可爱

唤醒

睡眼惺忪的你

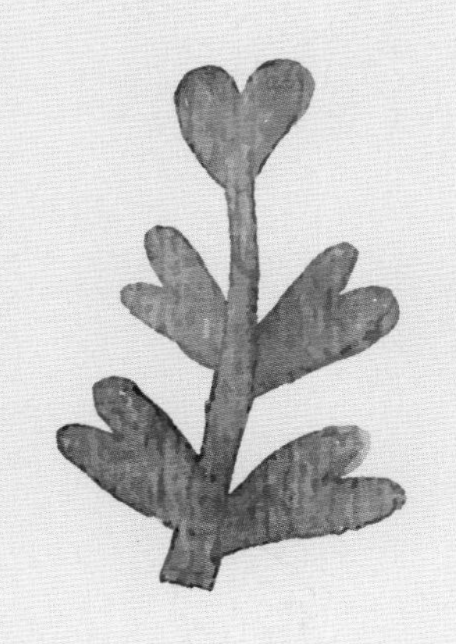

能量牛奶

一日之计在于晨，早餐可以为我们提供一个上午的能量。吃好早餐，可以让身体的每一个细胞都活力十足，愉快地迎接新的一天。

材料

① 牛奶瓶
② 绿金钱
③ 细白沙
④ 金色织带
⑤ 镊子
⑥ 勺子

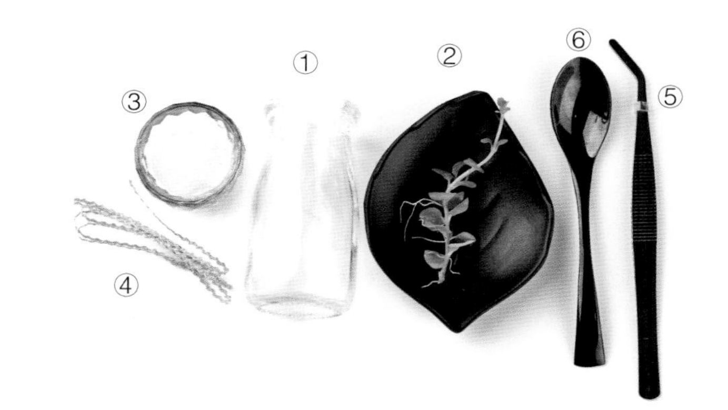

❶ 用勺子往牛奶瓶中装入细白沙。

❷ 加水至瓶口以下。

❸ 用镊子将绿金钱插入瓶底的白沙中。

❹ 系上金色织带装饰。

Tips

轻轻抖掉叶面上的白沙，有利于植物进行光合作用。也可待白沙沉到瓶底，水基本澄清时，再小心插入植物。

缤纷糖果罐

淡淡的甜味、清新的水果香，温柔地给你提个神。来一颗水果糖，清新口腔，补充糖分，让头脑清醒、心情愉悦。

材料

① 透明糖果罐
② 铜钱草
③ 水晶花泥
④ 镊子
⑤ 剪刀

❶ 水晶花泥用清水浸泡，使其膨胀到最大。

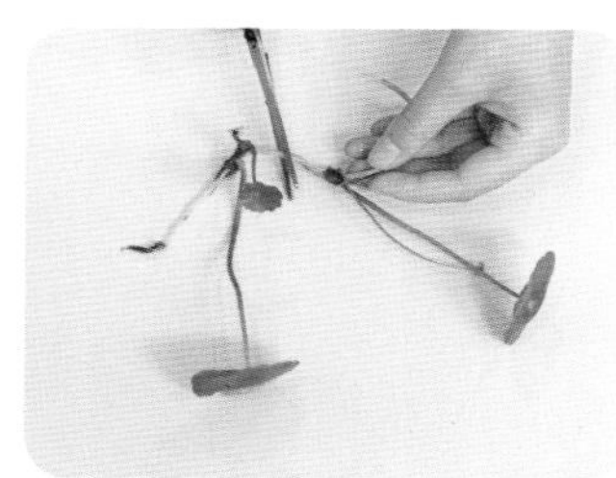

❷ 用剪刀将铜钱草的根系稍加修剪。

❸ 用镊子将铜钱草放入糖果罐里。

❹ 将泡好的水晶花泥装入糖果罐，用来固定铜钱草。

Tips

水晶花泥吸水膨胀、失水收缩，当它的颜色变深、体积变小时要及时补充水分。

花草茶

水分可以促进身体的新陈代谢，将体内的废物排出。工作再忙也要常常提醒自己，给身体补补水。

材料

① 直筒水杯
② 红宫廷
③ 水晶花泥
④ 镊子
⑤ 勺子
⑥ 铝线
⑦ 绿丝藻

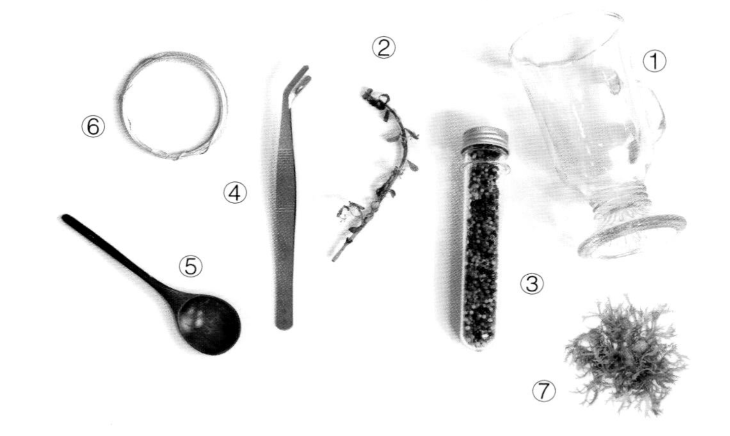

❶ 用清水浸泡水晶花泥，使其膨胀。

❷ 用勺子将泡好的橙色透明的水晶花泥装入杯中。

❸ 往杯中加入适量清水。

❹ 在红宫廷基部绕上铝线，再包裹上绿丝藻，放入杯中。

Tips

光照不足时，红宫廷会变绿，多晒晒太阳或施用铁肥能让它保持鲜艳的颜色。

举杯高歌

工作中有喜有悲，取得成功时，就应该尽情欢笑。一起举杯高歌，让所有的不愉快都烟消云散。

材料

① 高脚酒杯

② 狐尾藻

③ 水晶花泥

❶ 水晶花泥用清水浸泡。

❷ 将泡好的水晶花泥装入高脚酒杯。

❸ 加水至杯口稍下方。

❹ 修剪狐尾藻，放入水中。

Tips

将狐尾藻摆放成圆圈状，这样，每个角度都可进行观赏。

冬日雪国

在炎炎夏日里，让燥热的心穿越到冬日雪国。冰天雪地里，看樱花纷飞，消除暑热，身心舒爽。

材料

① 透明花瓶
② 狐尾藻
③ 蓝色细沙
④ 白玉石
⑤ 珊瑚
⑥ 樱花树
⑦ 镊子

❶ 将白玉石倒入花瓶中。

❷ 将蓝色细沙装入花瓶中，以丰富色彩。

Tips

细沙需要洗去粉尘再使用，这样细沙可以全部沉入底部，保证白玉石和水体的清澈度。

❸ 在花瓶中种入狐尾藻。

❹ 用镊子夹入樱花树、珊瑚等进行装饰。

小塘生春草

上善若水，不经意间播种一点善念，回首时发现已然绿草如茵，这是“善”的力量。“善”是生活中的魔法，工作中与人为善，留给自己的则是快乐。

材料

① 方形花瓶
② 莫丝网片
③ 水晶花泥
④ 镊子
⑤ 贝壳、珊瑚
⑥ 剪刀

❶ 将莫丝网片剪成合适的大小，平放在容器底部。

❷ 加入一些泡好的水晶花泥，以增添生机。

❸ 加入清水，让水晶花泥浮起来。

❹ 摆入贝壳、珊瑚等装饰，会更美观。

Tips

莫丝网片适当裁剪，网片边缘不要露出，用水晶石等遮挡起来会比较美观。

浮云悠游

工作疲劳的时候，让思绪躺在如云的满江红上，悠悠游荡。给自己几分钟的放松时间，让精神充充电。

材料

① 珠点玻璃方瓶

② 满江红

③ 扁圆蓝玻璃

④ 勺子

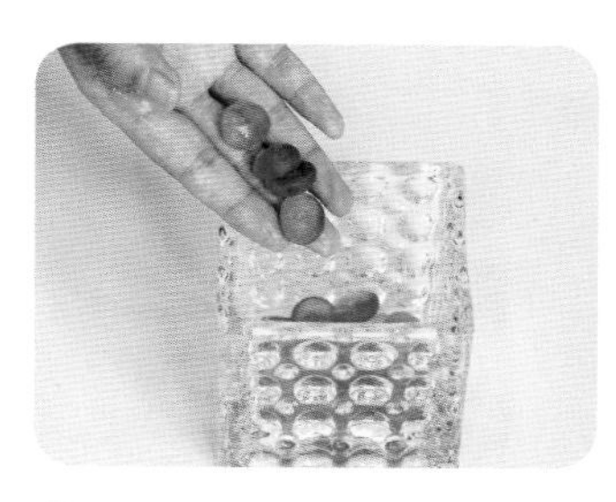

❶ 取适量扁圆蓝玻璃，平铺于方瓶底。

❷ 加部分水，淹没蓝玻璃。

❸ 用勺子将满江红轻轻移入容器中。

❹ 加水，水面稍低于瓶口即可。

Tips

“浮云悠游”好看又好做，换水却是件麻烦事。小诀窍是用勺子将满江红移到另一个干净容器中，换水后再放回。

石缝中的生存者

工作中难免遇到瓶颈期，而能在艰苦的环境中生存下来的都是强者。不要拒绝能让自己变强大的机会，要做石缝中的生存者。

材料

① 浅盘

② 芙蓉莲

③ 碎石、鹅卵石

④ 勺子

❶ 在浅盘中预留放置芙蓉莲的位置，摆上鹅卵石。

❷ 在预留的位置上摆上芙蓉莲，根系放在底部。

❸ 用勺子加入碎石，固定芙蓉莲。

❹ 加入一些水，以淹没芙蓉莲根系为宜。

Tips

如果不愿意频繁浇水，可以先用碎的水晶花泥固定芙蓉莲再铺上碎石和鹅卵石。

心如意

圆心萍长着独特的心形叶，仿佛其上承载着美好的心愿和祝福。种下圆心萍，愿工作顺心如意。

材料

① 方形花瓶
② 圆心萍（苹果萍）
③ 水晶石
④ 镊子

❶ 将水晶石洗净，平铺在花瓶底部。

❷ 加入适量清水。

❸ 用镊子将圆心萍放入花瓶中。

❹ 加水到合适的高度，调整圆心萍的位置即可。

Tips

圆心萍的根系美丽，具有观赏价值，所以要选择透明度高一些的容器，利于欣赏圆心萍的根系。

漂浮星球

每个人都是一颗星球，拥有着自己独特的磁场，磁场与磁场的相互作用使得人与人相遇。相遇是缘分，需要珍惜。

材料

① 高花瓶
② 芙蓉莲
③ 水晶花泥
④ 镊子
⑤ 勺子

❶ 将水晶花泥用水泡好

❷ 水晶花泥泡好后，选择喜欢的颜色进行搭配，放入花瓶中。

Tips

芙蓉莲的根系发达，水晶花泥不宜放太多，应留出一些空白，产生悬浮的感觉。

❸ 加入适量的清水。

❹ 用镊子将芙蓉莲移入花瓶中。

小溪里

看，水中飘动的水草多么惬意！对于一些无关原则的事情，不要过于执着，有时候随波逐流或许是更好的选择。

材料

① S 形小鱼缸

② 虾藻

③ 鹅卵石

④ 镊子

❶ 鹅卵石洗净后，放在鱼缸的一侧。

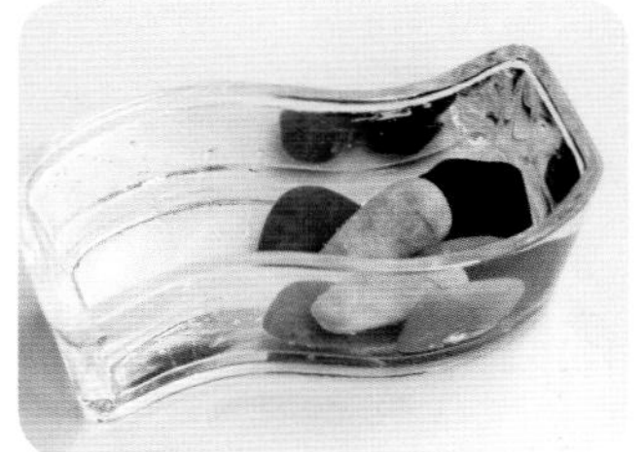

❷ 加入适量清水。

Tips

虾藻生命力很强，修剪之后，养在水中便可生根，可放心修剪。

❸ 按容器大小修剪虾藻，让它能在水中漂动。往鱼缸中夹入修剪好的虾藻。

❹ 加水到合适的高度即可。

自然·道

现在大部分人都很浮躁，浮躁是心病。我们是时候让自己的心静下来了，闭目静心，顺应自然。

材料

① 素色瓶
② 铜钱草
③ 水洗石

❶ 将铜钱草放在素色瓶中。

❷ 将水洗石洗净，放入瓶中。

Tips

铜钱草的数量尽量少一点，更可产生悠远的意境。

❸ 加入清水。

❹ 调整铜钱草的摆放位置，并用水洗石将其固定好。

Part 03

午休时刻
轻松疗愈心情

土培植物转为水培后，养护更简单。
在午饭后的消食时间里，就能轻松完成小水景。
用美丽的小水景来治愈一上午的疲乏吧。

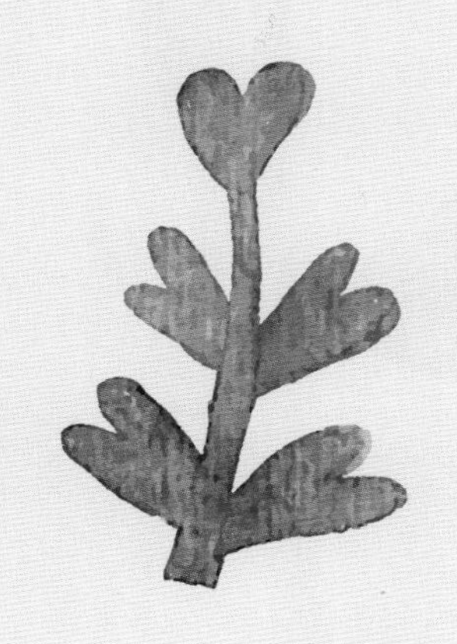

如意皇后

彩叶粗肋草也叫如意皇后，给平凡的粗肋草加点温柔的色彩，它就会摇身一变成为如意的皇后。

材料

① 矮胖玻璃杯

② 彩叶粗肋草

③ 白玉石

❶ 植物修剪后清理干净。

❷ 把如意皇后的根系收拢，放在杯子中间。

❸ 一手握住植物，一手往杯中加入白玉石。

❹ 适当调整植物的位置，拨动石头固定植物。

❺ 加水时不要加太多，最多加至如意皇后的根颈处。

Tips

固定植株位置时，要保证植株的根颈处不被深埋和淹没。

Tips
土培改为水培后的一段
时间，粉掌的根系会有
部分腐烂的现象，要及
时清理掉，并经常换水。

粉冠军

粉掌又名粉冠军，色彩明快，花期长，外观大方美丽。让粉冠军给你打气，随时补充正能量。

材料

① 玻璃缸
② 粉掌
③ 定植篮
④ 白玉石（大）
⑤ 剪刀

❶ 植株修剪后清理干净。

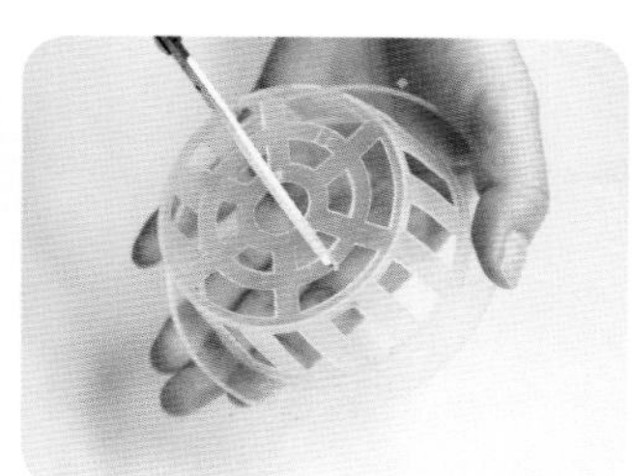

❷ 若定植篮孔隙太小，可以剪成适当大小。

❸ 将粉掌摆成喜欢的造型后，将根系一起塞入定植篮中。

❹ 将粉掌放在口径合适的玻璃缸上。

❺ 加入清水，至根颈处以下。

❻ 在根颈周围加入大号白玉石，固定植株。

青蔓低语

绿萝虽不显眼，却绿得格外养眼。不需精心，就能给人带来满眼绿意，“懂事”得惹人喜爱。

材料

① 蓝色玻璃罐

② 绿萝

③ 剪刀

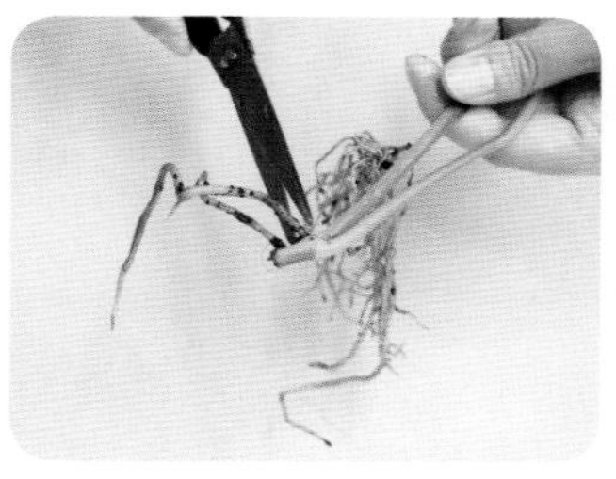

❶ 修剪掉绿萝的部分老根、坏根。

❷ 做好造型，然后将根合拢，慢慢装入玻璃罐中。

❸ 加水，注意不要淹没叶片。

❹ 置于散射光良好的地方。

Tips

绿萝特别适于水培，无须过多护理，就能生长得很茂盛。

内外兼修

外形美丽，内涵丰富，银边吊兰可算得上是内外兼修，而且还是名副其实的“空气净化器”。

材料

① 椭圆花瓶

② 银边吊兰

③ 水晶花泥

④ 剪刀

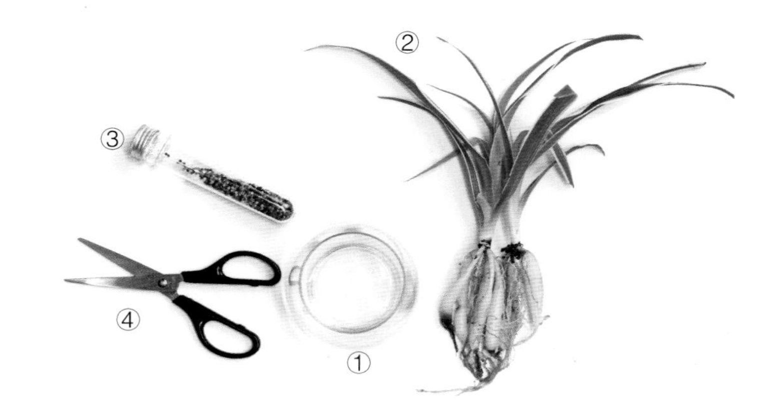

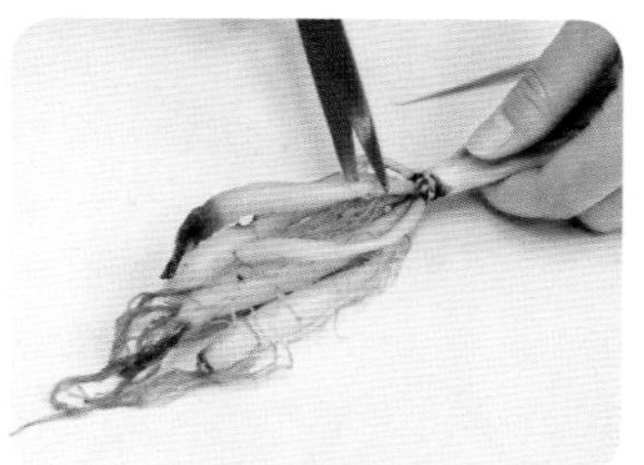

❶ 腐烂的肉质根要从根颈处剪除。

❷ 水晶花泥用清水浸泡。

❸ 花瓶中加入部分泡好的水晶花泥后，放入吊兰。

❹ 用手固定吊兰，再加入泡好的水晶花泥至根颈处。

❺ 摇晃植物和水晶花泥，将植物固定到合适位置。

Tips

可以用透明的水晶花泥固定吊兰，这样还能欣赏其肥厚的肉质根。

柔韧风骨

小小的圆叶单薄柔软，纤细的枝干坚韧遒劲，这就是小而倔强的千叶吊兰。我们在面对困难时，只有经受住磨炼才会变得更加坚韧。

材料

① 南瓜玻璃花瓶

② 千叶吊兰

③ 水晶石

④ 剪刀

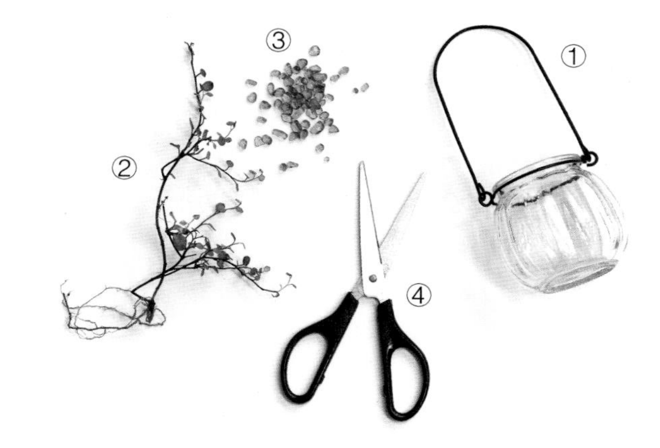

❶ 将水晶石洗净，平铺在花瓶底部。

❷ 加入适量清水。

❸ 插入千叶吊兰，用剪刀剪枝，进行造型。

❹ 悬挂起来即可。

Tips

千叶吊兰的嫩枝柔韧，可塑性强，可以对其进行塑形。

竹林听雨

伫立在竹林中，听雨打竹叶。雨点打破林中的幽静，叩问心灵；雨声越发突显竹海的安谧，沉淀心情。

材料

① 球形小鱼缸
② 富贵竹
③ 珊瑚骨
④ 剪刀

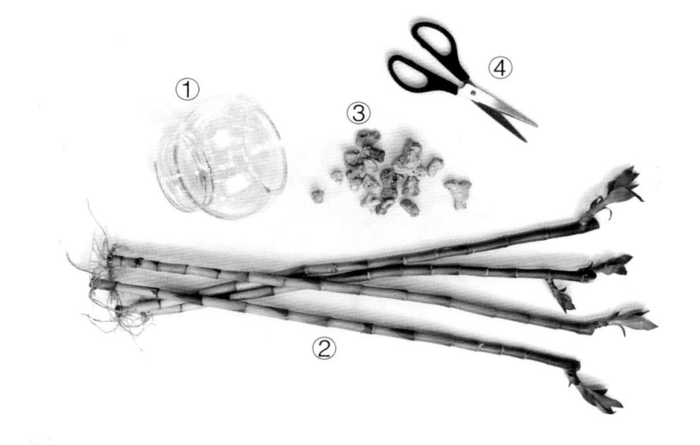

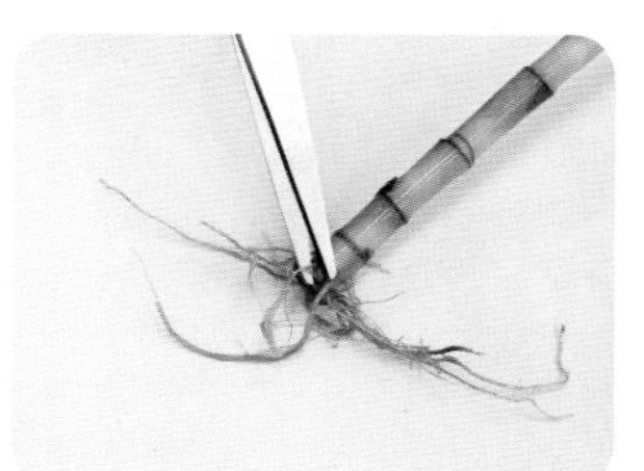

❶ 将植株修剪后清理干净

❷ 剪出需要的长度，稍晾干。

❸ 将珊瑚骨洗净，放入鱼缸中。

❹ 种入富贵竹。

❺ 加水到合适的高度即可。

Tips

因对所做造型的角度要求较高，因此不易固定时，可用铝丝缠绕富贵竹基部定型后，再将其种入珊瑚骨中。

幸运

转运竹，被看作可将各种霉运转化为幸运的吉祥物。生活就像转运竹，兜兜转转，磨难重重，而正是这些曲折让你成为更美好的自己。

材料

① 高花瓶

② 转运竹（富贵竹）

③ 剪刀

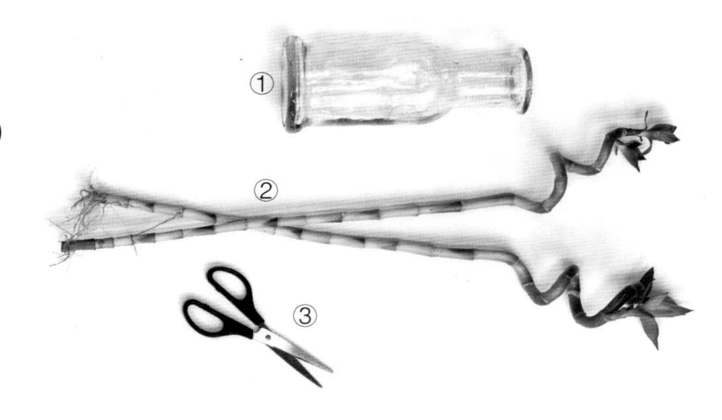

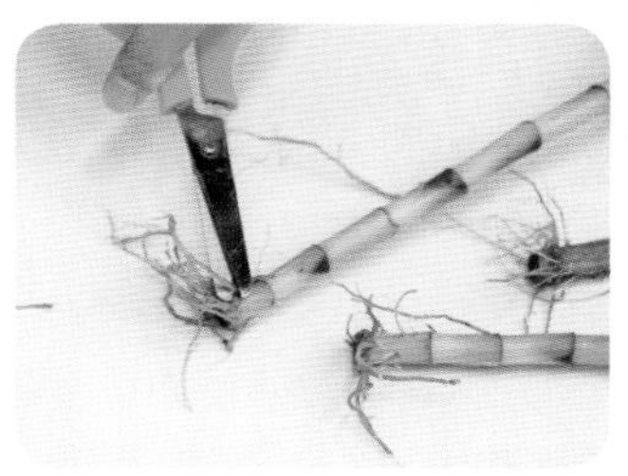

❶ 将植株修剪后清理干净。

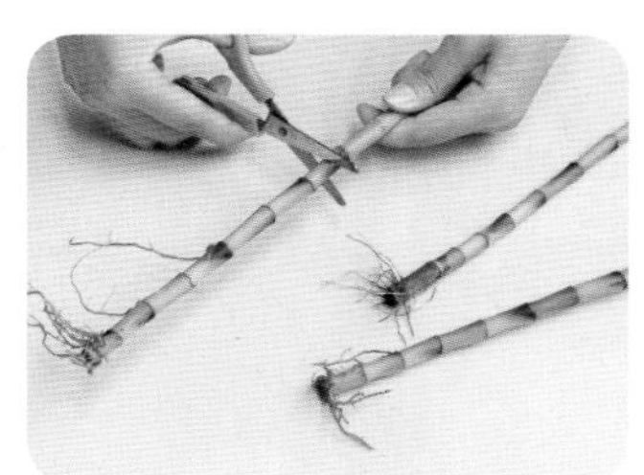

❷ 剪成合适的长度。

❸ 插入高花瓶中。

❹ 加入适量的水。

❺ 调整为自己喜欢的造型即可。

Tips

富贵竹过大时，可以根据容器的大小对其进行修剪。修剪后它会长出新根，也可使用生根粉促进其生根。

椰奶布丁

午后，忙里偷闲，让一杯椰奶布丁带给你一段美好的下午茶时光。暂别工作的烦恼，卸下疲惫，用绿色安抚忙碌焦躁的心。

材料

① 布丁罐
② 袖珍椰子
③ 水晶石
④ 剪刀

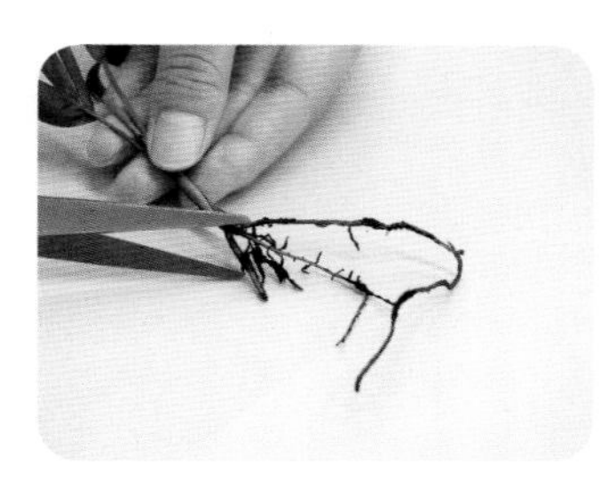

❶ 用干净的剪刀修剪袖珍椰子的老根、坏根。

❷ 罐中放入少量水晶石。

❸ 将袖珍椰子种在中间，用水晶石固定。

❹ 加水到合适的高度，适当调整袖珍椰子的高度。

Tips

袖珍椰子的叶尖发黄时，修剪一下会更美观。修剪时，不要平剪，应顺着叶形斜剪，效果会更自然。

在水一方

菖蒲的迷你生态水景，为办公桌增添了一点野趣，让人感受到了一份悠远。用芳香的菖蒲提提神、醒醒脑，收获一下午的心旷神怡。

材料

① 玻璃容器

② 菖蒲苗

③ 河沙

④ 剪刀

❶ 修剪菖蒲的老根烂叶。

❷ 把菖蒲放在容器中。

❸ 用河沙固定植株并造型。

❹ 加水到合适的高度即可。

Tips

菖蒲全株有毒，尤其是根茎部位毒性较大，不可食用。为安全起见，触摸菖蒲后记得清洗双手。

闲情逸致

常春藤既是阳春白雪也是下里巴人，既仙气萦绕又朴实无华。它像极了见过大风大浪后谈笑风生的旷达之士，又如经历了人生沉浮后气定神闲的隐者。

材料

① 平口细腰花瓶
② 常春藤
③ 金边常春藤
④ 剪刀

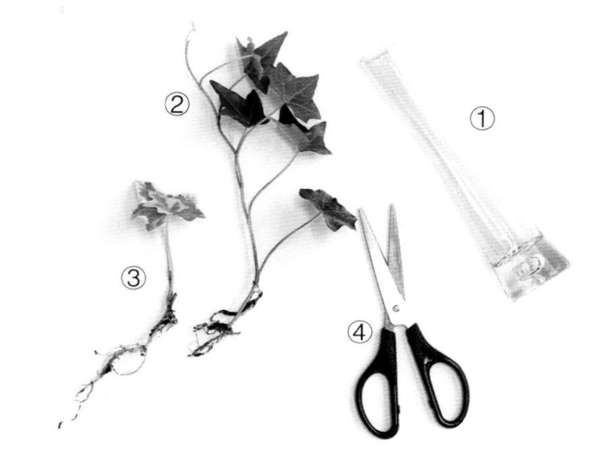

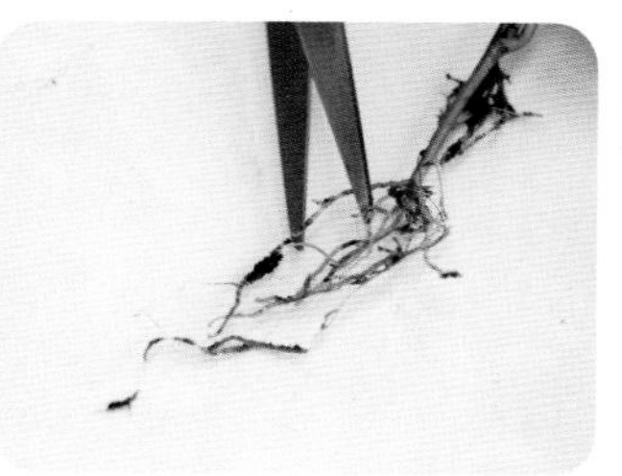

❶ 修剪、清理好常春藤的根系。

❷ 插入两种不同的常春藤，调整造型。

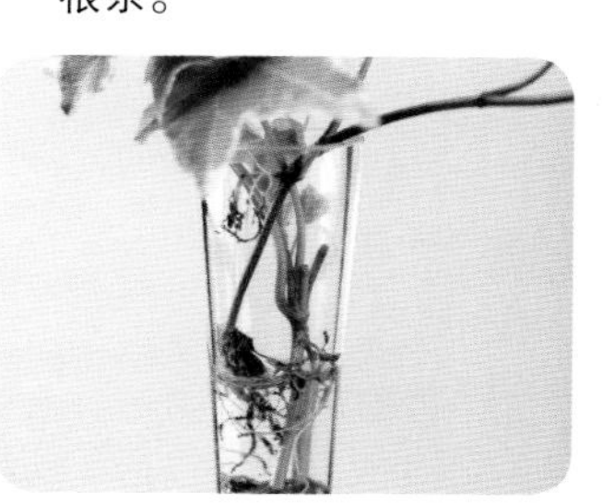

❸ 加水至根颈以下，留部分根在空气中。

❹ 摆放在散射光良好的地方养护。

Tips

垂钓型的常春藤会越长越长，重量增加，注意不要让其根系浮出水面。

夏日凉

夏雪银线蕨正如其名，是拯救夏日酷暑的一抹清凉，从其翩跹舞动的优雅姿态就能感受到舒适的清凉感。

材料

① 素色花盆

② 夏雪银线蕨

③ 水晶花泥

④ 剪刀

❶ 修剪夏雪银线蕨的根系、老叶。

❷ 水晶花泥泡好后，取适量放入素色花盆中。

❸ 种入植物，加入透明的水晶花泥固定。

❹ 加少量水后，再调整一下植株的位置即可。

Tips

蕨类植物通常生命力强，且喜阴凉环境。

彼岸

人人都是被上帝咬过一口的苹果，不必欣羡彼岸的风光。人生所经历的磨难一直都只是为了成为更好的自己。

材料

① 方形玻璃花瓶

② 旱伞草

③ 水洗石

④ 剪刀

❶ 将植株修剪后清理干净。

❷ 将修剪好的旱伞草放在玻璃花瓶中。

❸ 加入水洗石给植物定型。

❹ 加入适量的水。

❺ 可根据个人喜好放入贝壳进行搭配。

心愿

有一种邂逅，是不期而遇；有一种爱情，是心有灵犀。不要拒绝爱与被爱，“爱是勇敢的心愿”。

材料

① 烟灰色收口瓶

② 爱之蔓

③ 剪刀

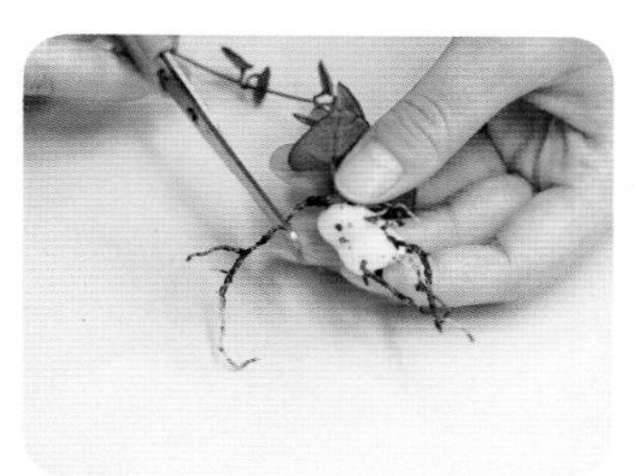

❶ 修剪掉植物的老根、烂根。

❷ 修剪后，晾干。

❸ 花瓶中装入适量水。

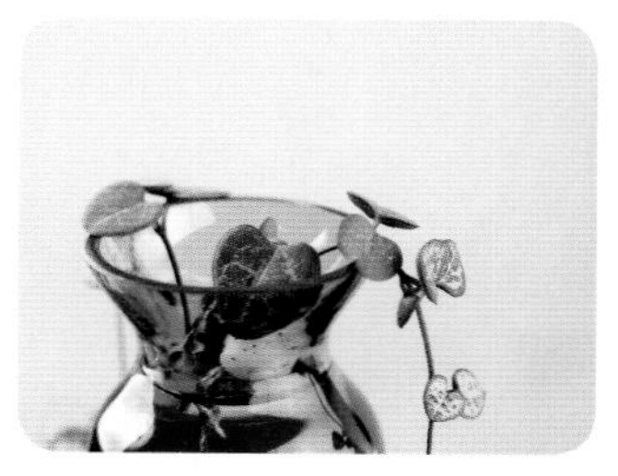

❹ 放入晾干的爱之蔓，保证球茎不浸泡在水中即可。

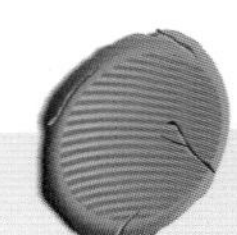

Tips

爱之蔓的球茎在水中容易腐烂，不能浸泡在水中。修根后，伤口容易水化，使用生根粉可减轻水化，促进生根。

小确幸

生活从不乏味，有趣的人在看似平淡无奇的小事中也能找到乐趣。认真对待每一个时刻，小而确定的幸福就在那里静候。

材料

① 玻璃杯
② 碧玉
③ 水晶花泥
④ 白玉石
⑤ 勺子

❶ 将碧玉清理好，放在杯中。

❷ 用白玉石遮挡黑色根系。

❸ 加入同色系水晶花泥。

❹ 加少量水，并调整好植物位置。

Tips

碧玉的根系较发达，颜色深，根系带土易看不清，清洗时要仔细，不能留有泥土等。

多肉森林

植物拥有治愈魔法，治愈系的多肉更是法力无边。没有什么烦恼是一棵多肉赶不走的，如果有那就来两棵。

材料

① 玻璃容器
② 定植篮
③ 雅乐之舞
④ 水晶花泥
⑤ 剪刀

❶ 植株修剪后清理干净。

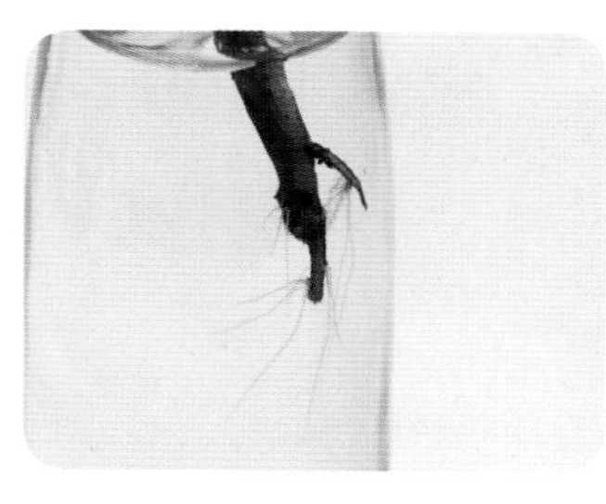

❷ 清理好的根系部分置于水中，几天后会长出水生根。

❸ 水晶花泥用水泡好。

❹ 容器中放入适量泡好的水晶花泥和清水。

❺ 先在定植篮中排列好植株，然后再放在容器上。

Tips

多肉植物忌水涝，未长出水生根的根系不可全部浸泡在水中。

Part 04

下班啦 放飞心灵

下班后，用点小创意来拯救自己，
从精神上开始治愈自己。

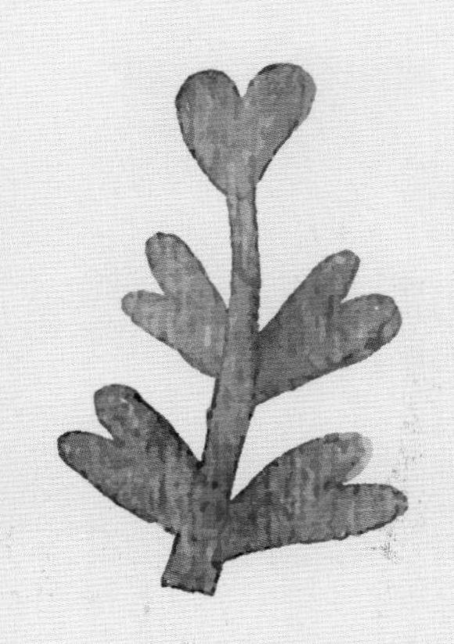

终身浪漫

浪漫不是情侣的专利，每个人都可以活出自己的诗意。身体不休息会疲惫，心灵不浪漫会倦怠。

材料

① 蓝色花瓶
② 千叶吊兰
③ 蕾丝花边
④ 剪刀
⑤ 酒精胶

❶ 依照花瓶的直径，剪一段稍长的蕾丝。

❷ 将蕾丝包围在花瓶上，用胶水黏合接口处。

❸ 插入千叶吊兰。

❹ 加水到合适的高度，调整植物的位置即可。

Tips

酒精胶凝固的速度较快，凝固后有弹性，且不易粘在手上，用来黏合布料尤为合适。

平凡的精致生活

不要放过生活里的小细节，精心去装扮，然后就会发现，平平淡淡的生活也会变得有滋有味。

材料

① 绿色竖纹细口瓶
② 多肉植物
③ 棉蕾丝贴布
④ 蕾丝带
⑤ 剪刀
⑥ 酒精胶

❶ 剪下蕾丝带，环绕在花瓶上，用酒精胶固定。

❷ 在棉蕾丝贴布背面涂上适量胶水。

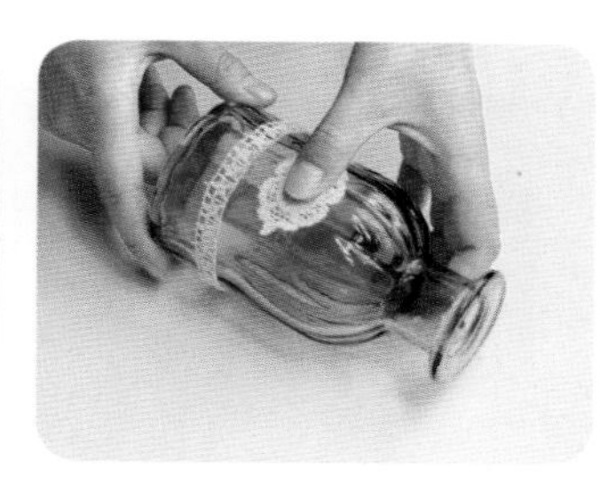

❸ 贴在花瓶中上部，压合几秒钟便可粘贴牢固。

❹ 加水至瓶口。

❺ 放上多肉植物即可。

Tips

不同的蕾丝搭配时，要特别注意蕾丝的颜色和风格要吻合，才能起到相得益彰的作用。

森林系

美丽的心灵不需要过多的装饰，抛开浮华的外表，回归本心，做一个简简单单、淳朴又实用的人吧。

材料

① 酸奶瓶
② 心叶蕨
③ 麻质织布
④ 剪刀
⑤ 酒精胶

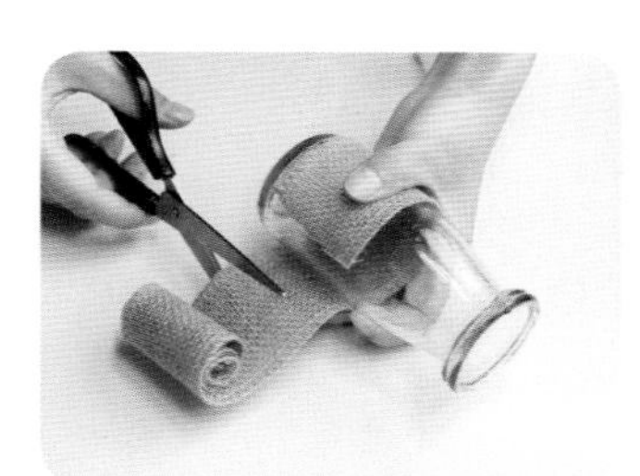

❶ 剪下合适大小的麻布。

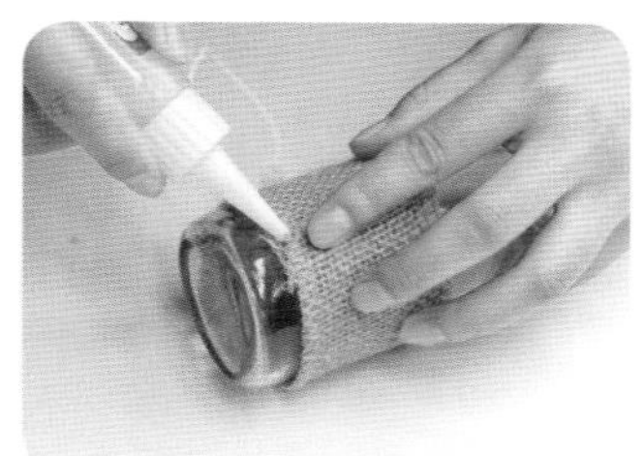

❷ 环绕在酸奶瓶中下部，用酒精胶黏合。

❸ 放入心叶蕨。

❹ 加水至淹没心叶蕨绝大部分根部。

Tips

百搭的麻布花瓶，制作简单，清新大方，文艺气息扑面而来。其尤为适合根系不甚美观的植物。

理性之美

工作、生活有时候乱成一团线，除了保持理智，没有其他出路。其实，只要找到烦恼的源头，慢慢梳理，一定可以豁然开朗。

材料

① 细腰花瓶

② 绿之铃

③ 麻线

④ 尖口钳

❶ 压住麻线的一端，在花瓶细腰处缠绕几圈。

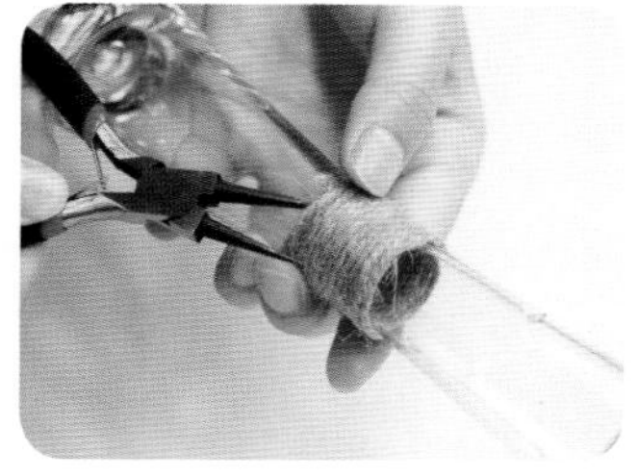

❷ 剪断麻线，并将尾端塞进麻线圈内。

❸ 放入绿之铃。

❹ 加水到淹没部分根系即可。

Tips

方法学会后不妨多做几个，一个花瓶简约清新，两个花瓶相映成趣，多个花瓶韵律灵动。

编织生活

线不编织只是线，时间不管理，就只是时间。不管身处什么职位，每个人都要懂得管理，管理好工作，才会提高效率。

材料

① 椭圆容器

② 绿萝

③ 麻线

④ 绿色水晶石

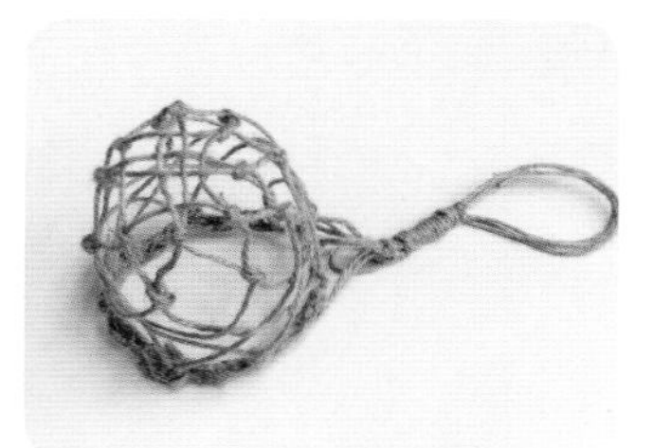

❶ 用打结和缠绕等方法编织网袋。

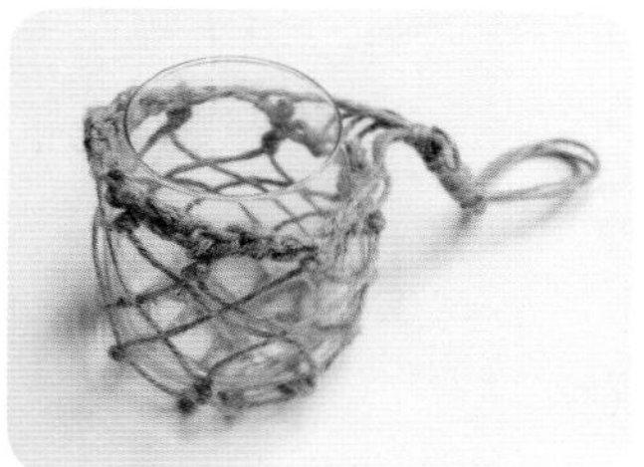

❷ 将网袋套在容器外。

❸ 加入适量绿色水晶石。

❹ 悬挂起来后，加入清水。

❺ 种入绿萝即可。

Tips

网袋需要根据容器的大小进行编织，底部完成后，可以套在容器上进行编织。

风居住的地方

风居住在一条窄窄的街巷，那里装着美丽青涩的往事，风在回忆最深处盘旋飞舞，迟迟不愿离去。

材料

① 空气凤梨
② 鹅卵石（大）
③ 铝线
④ 尖口钳
⑤ 绕线钳

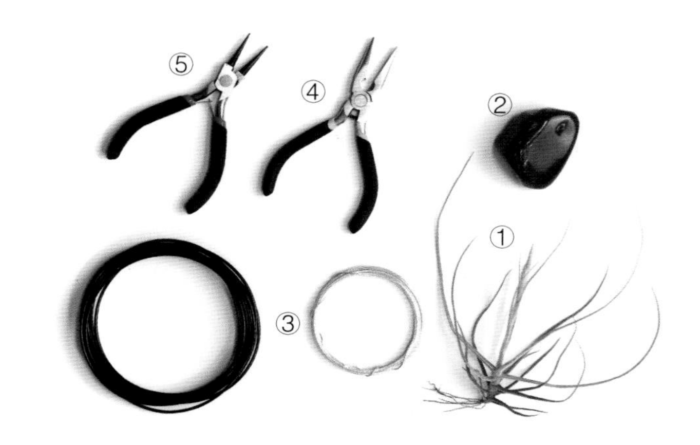

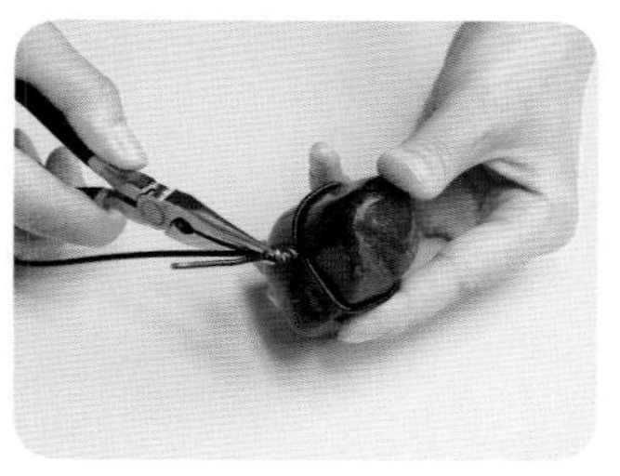

❶ 将铝线的一端绕在鹅卵石上，固定。

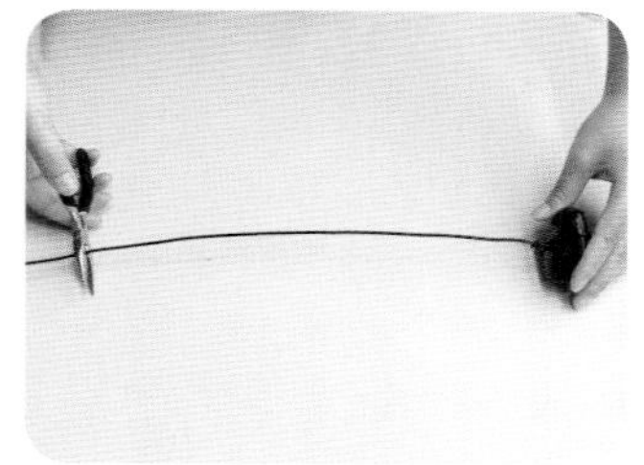

❷ 截取想要的长度。

❸ 铝线的另一端绕成螺旋状，放上空气凤梨。

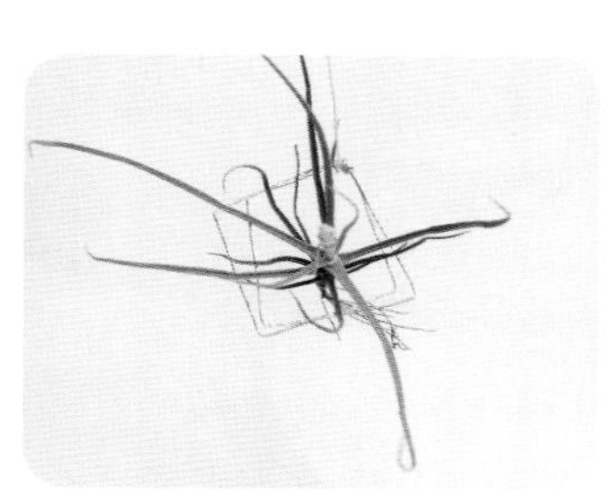

❹ 也可用铝线做成容器，将空气凤梨悬挂起来。

Tips

空气凤梨不需要种在土里，也不用插入水中，它吸收空气中的水分便可生长。

Tips
制作时，处理好金属丝
两端的截口，以免划伤。

飞鱼

飞是飞鱼的梦想，也是人类的心愿，如果没有飞机的诞生，飞翔将一直是人类的梦。不要忽视内心的呼唤，激情澎湃的人生才更有价值。

材料

① 玻璃罐
② 圆心萍
③ 鱼线
④ 铝线、彩色铁丝
⑤ 剪刀
⑥ 尖嘴钳
⑦ 绕线钳
⑧ 紫色水晶花泥

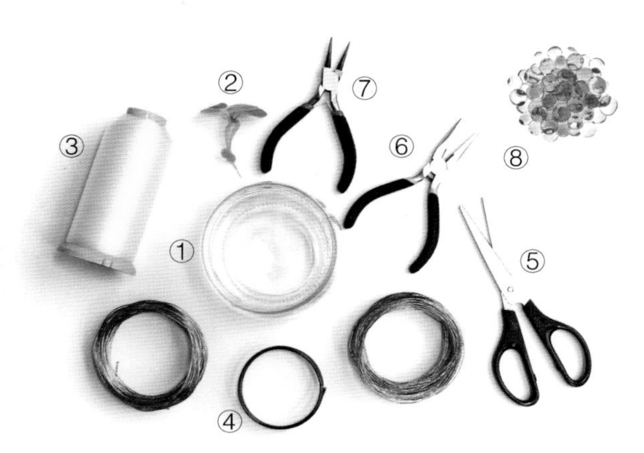

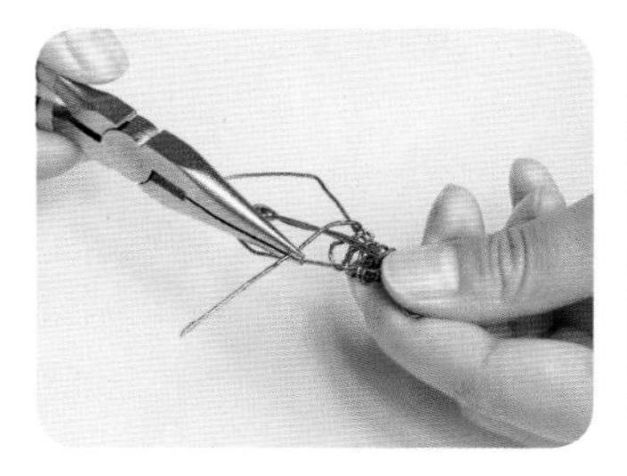

❶ 用彩色铁丝绕制小鱼。

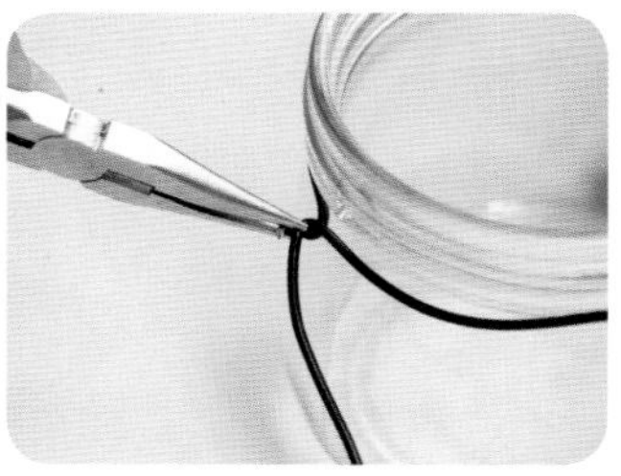

❷ 将铝线一端绕在玻璃罐上固定，另一端向上做成弧线。

❸ 用鱼线把金属小鱼悬挂在铝线上。

❹ 玻璃罐中放入已泡好的紫色水晶花泥。

❺ 加水到瓶口。

❻ 夹入圆心萍即可。

Tips
铝线很软，可塑性强，调整好铝线的角度，更有放飞风筝的感觉。

放飞童心

不论外表如何改变，我们的心里都住着一个孩子。孩子的笑容最纯净，童心也是永远天真，永远充满好奇的。

材料

① 方花瓶、莫丝网片
② 绿金钱
③ 芝麻萍
④ 小风筝
⑤ 酒精胶
⑥ 装饰小狗、铝线
⑦ 勺子
⑧ 尖嘴钳

❶ 将绿金钱插入网片的孔洞中，固定在莫丝网片上。

❷ 将铝线绕成平整的螺旋状，粘上小风筝。

❸ 铝线的另一端粘在小狗的底面，放入容器中。

❹ 加入一半清水。

❺ 放入芝麻萍。

❻ 加水至容器口。

Bath & Body Works

爱的礼物

礼物从来都不在于华丽还是朴素，贵重还是低廉。礼物是不敢言表的心意，是不可玷污的纯真。

材料

① 方形花瓶
② 绿金钱
③ 仿冰块水晶石
④ 镊子
⑤ 酒精胶
⑥ 缎带

❶ 将水晶石洗净，平铺在花瓶底部。

❷ 加入适量清水。

❸ 种入绿金钱。

❹ 将花瓶系上缎带，装饰成礼物的样子。

Tips

新修剪的绿金钱种入几天后，可能会出现叶片变黄的现象，要及时修剪再重新种下。

墙上的小水景

推倒一面墙，能看到更广阔的世界。而正是这阻挡视线的墙，为我们遮风挡雨。换个角度，做一点改变，或许不用推倒这面墙就能看到新世界了。

材料

① 酸奶瓶
② 绿萝
③ 鱼线
④ 剪刀

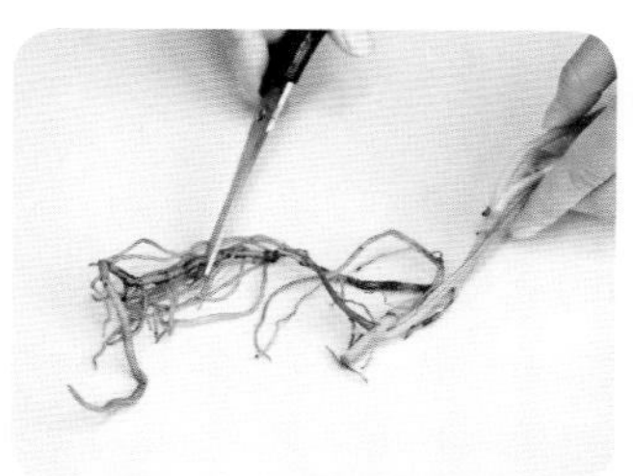

❶ 修剪掉绿萝过多的根系。

❷ 用鱼线缠绕在酸奶瓶瓶口，用于悬挂。

❸ 轻轻将绿萝放入瓶中。

❹ 加半瓶水即可。

Tips

可先将酸奶瓶悬挂起来，调整好高度，再加入植物和水。水量能保证绿萝的需求即可，不要太多，以减轻重量。

植物油画

人生如画，一幅佳作需要合理的布局，一个好的人生同样也需要有良好的规划。

材料

① 挂式花瓶
② 钻石豆瓣绿
③ 常春藤
④ 双面胶

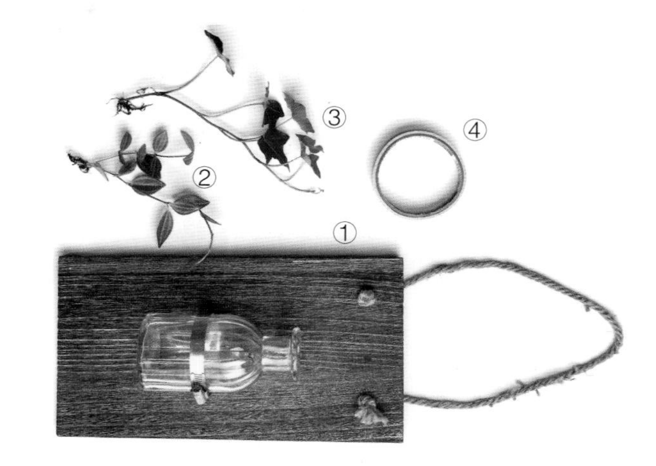

❶ 将两种植物插入瓶中，做好造型。

❷ 用双面胶轻轻固定植物。

❸ 将花瓶挂在平稳的墙上。

❹ 加水至根颈以下即可。

Tips

应选择茎枝柔软的植物做造型，藤本最合适。造型后还能控制藤本的生长走向，避免植物生长杂乱。

Tips

铝线有一定的重量，能起到沉水的作用。且较为柔软，绕成弹簧状后，能更好地固定植物而不伤害植物。

听见大海

天气好的时候，出去走走，不要辜负了蓝天、白云和阳光。听一听风声，听一听鸟叫声，听一听大自然的声音。

材料

① S 形小鱼缸
② 湖柳
③ 珊瑚骨
④ 贝壳
⑤ 铝线
⑥ 绕线钳

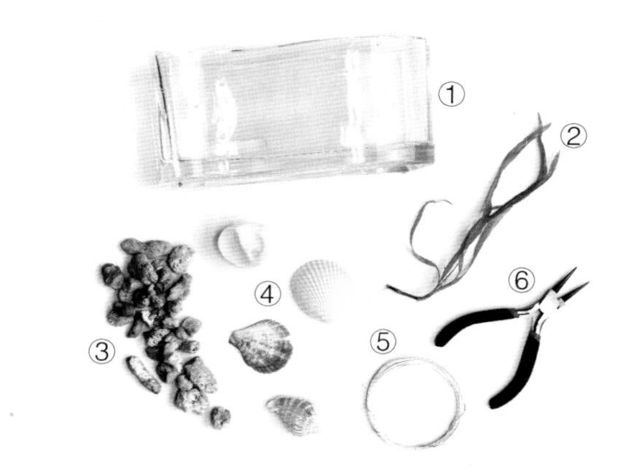

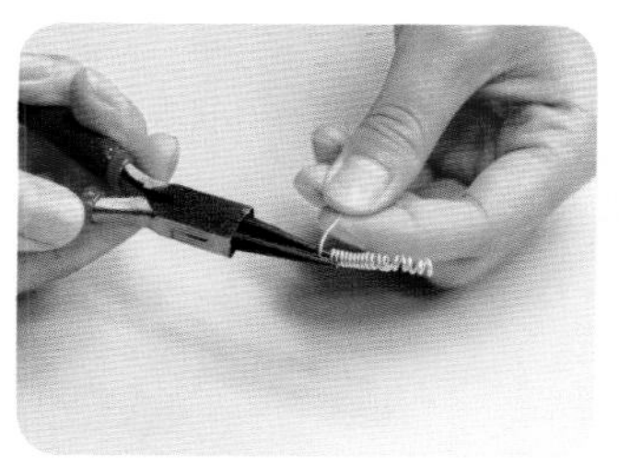

❶ 用绕线钳轻轻夹住铝线，将铝线绕成弹簧状。

❷ 将绕好的铝线轻轻环绕在几根湖柳基部。

❸ 将固定好的湖柳轻轻放入贝壳中，用贝壳遮挡住铝线。

❹ 在鱼缸中放入珊瑚骨。

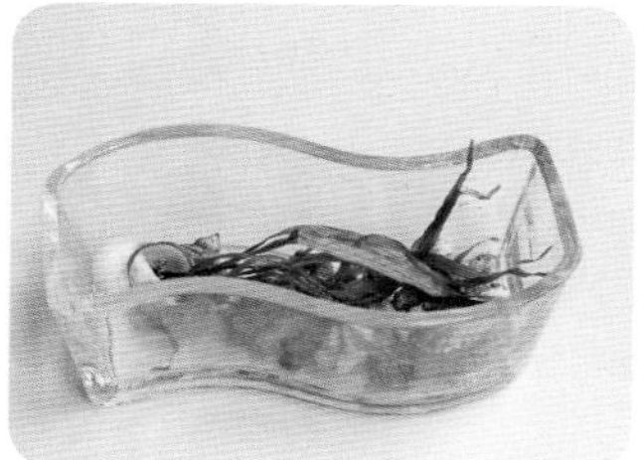

❺ 在珊瑚骨上放上湖柳。

❻ 加水至容器口即可。

Part 05

假日里
修身养性小水景

放假的日子里，用一抹绿点缀你的惬意时光。

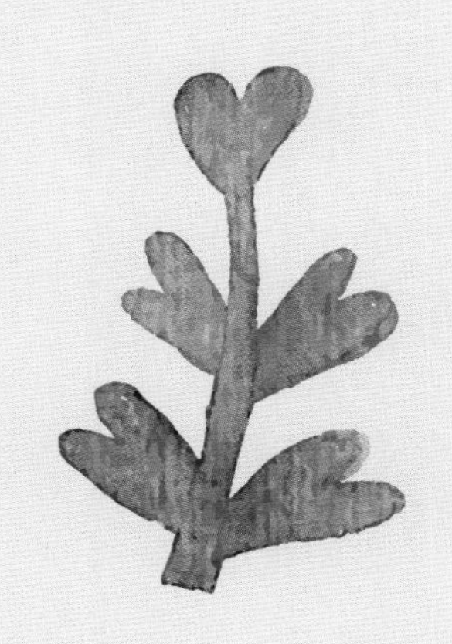

绿珠帘

生活中不能缺少美好，不妨试试用精致的装饰点缀生活，你会发现，自己也被美好的心情装点。

材料

① 紫色花瓶
② 绿之铃
③ 旋叶姬心美人
④ 广寒宫
⑤ 白牡丹
⑥ 雅乐之舞

❶ 在花瓶中加水。

❷ 种入位于最下方的绿之铃。

❸ 种入白牡丹和广寒宫，形成基本形状。

❹ 种入雅乐之舞和旋叶姬心美人，使色彩、层次更丰富。

Tips

浇水时要特别注意，不能淹没植物的根颈以上，也不能让根系离水面太远。

钻石眼泪

在困难的日子里要勇往直前，奋斗的时光像是人生中最璀璨的星星，就算流下眼泪也会是钻石的形状。

材料

① 钻石形几何容器

② 千叶吊兰

③ 圆心萍

④ 镊子

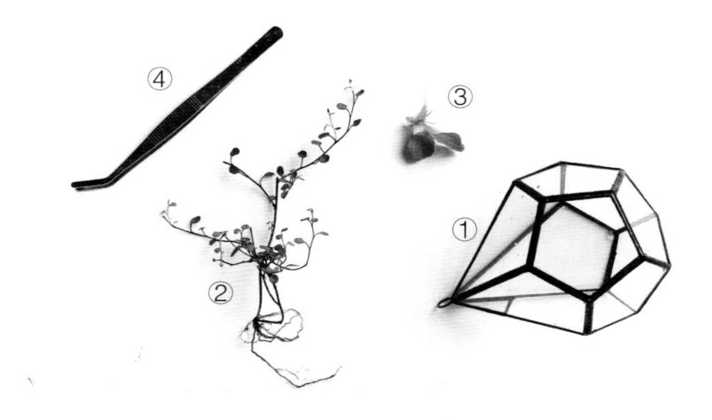

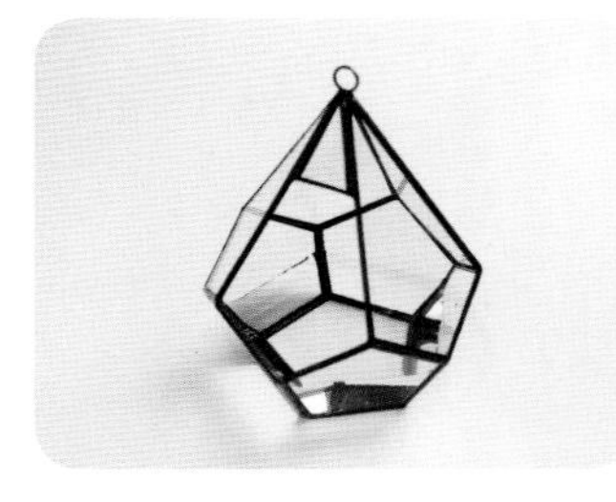

❶ 将水晶石洗净，平铺在容器底部。

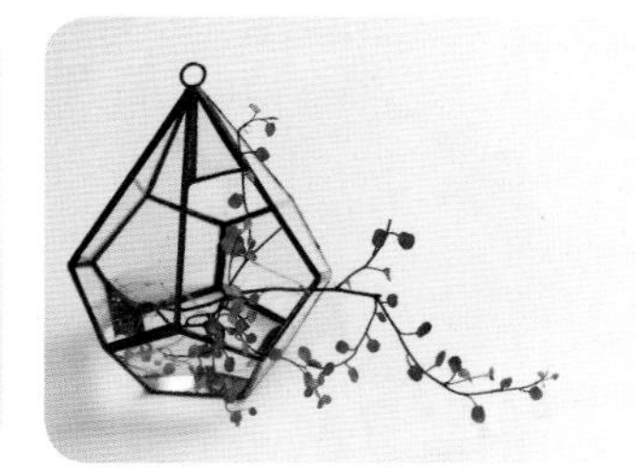

❷ 加入适量清水，放入千叶吊兰。

❸ 用镊子放入圆心萍。

❹ 加水到合适的高度，调整圆心萍的位置即可。

Tips

圆心萍的根系发达，且具有观赏价值，所以要选择透明度高一些的容器，利于欣赏圆心萍的根系。

温室里的沙漠

温室里的花朵不一定都是弱不禁风的，温室里的环境也不一定都是和风细雨的。不要用固有的印象看待别人，不要用禁锢的思维看待事情。

材料

① 正方体花瓶
② 广寒宫
③ 旋叶姬星美人
④ 雅乐之舞
⑤ 河沙
⑥ 酒精胶

❶ 漏水的容器可以用胶水进行密封。

❷ 装入洗净的河沙。

❸ 种入最高的雅乐之舞。

❹ 由内至外种入其他植物，浇适量的水。

Tips

多肉植物耐旱不耐涝，前期要少浇水，植物状态稳定后方可水培。切忌将水浇在植物上，特别是新叶基部。

Tips

选择合适株型的袖珍椰子，紧密种植，模仿椰子树的形态。白发藓喜欢潮湿的环境，记住要经常喷喷水哦。

绿岛

就算是一座孤岛，也有权利活成自己喜欢的样子。人更不应该辜负人生，只有不断努力，才能达到自己想要的状态。

材料

① 爱心形浅盘
② 袖珍椰子
③ 白发藓
④ 水晶石
⑤ 贝壳
⑥ 喷壶

❶ 将水晶石铺入盘中。

❷ 种入袖珍椰子，用水晶石固定其根部。

❸ 在盘上铺上白发藓。

❹ 用水晶石遮住白发藓边缘的连接处。

❺ 用贝壳等进行装饰。

❻ 用喷壶喷水。

Tips
先在鱼缸一侧铺好白玉石，再在上面铺上透亮的蓝色水晶石，做出海水冲打白沙滩的场景。

海岸阳光

找个假期出去走走，去寻找白亮的沙滩、湛蓝的海水，呼吸咸咸的海风，享受海岸上的阳光。

材料

① 方形鱼缸
② 旱伞草
③ 虾藻
④ 仿冰块蓝色水晶石
⑤ 白玉石
⑥ 贝壳、海星

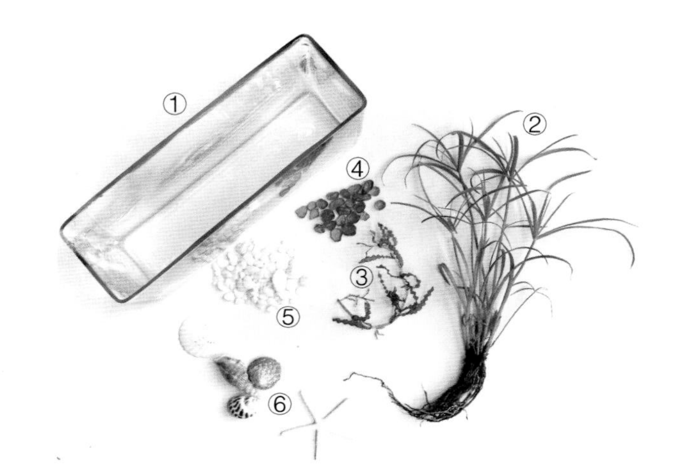

❶ 将白玉石洗净放入鱼缸中。

❷ 种入旱伞草，用白玉石覆盖其根部固定植株。

❸ 撒入蓝色水晶石。

❹ 放入海星、贝壳进行装饰。

❺ 加适量的水。

❻ 种入虾藻即可。

思绪万千

万千想法一起迸发的时候，不要因为找不到头绪而烦恼，不如放飞一下自己，在思维的风暴中徜徉。风暴停下来的时候，也许就找到了答案。

材料

① 高筒矮脚酒杯

② 芙蓉莲

③ 绿羽毛

④ 细铁丝

⑤ 绕线钳

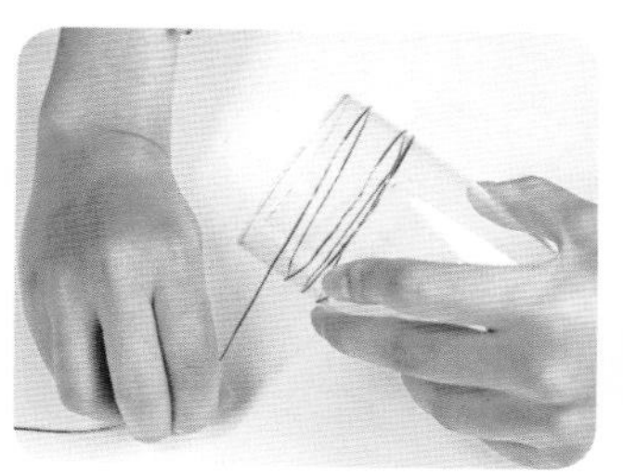

❶ 将铁丝沿酒杯绕圈，用绕线钳处理好铁丝两端。

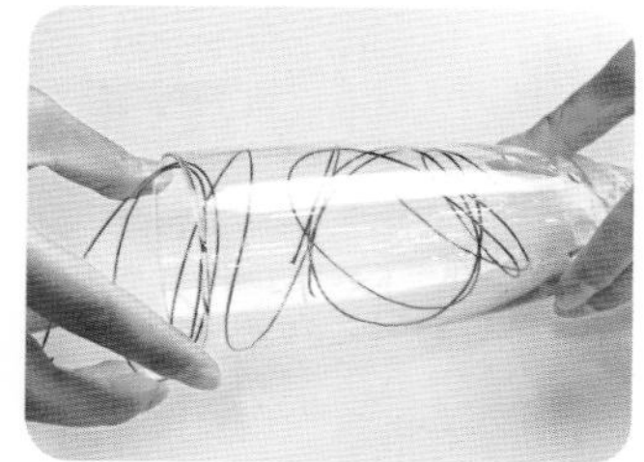

❷ 将绕好的铁丝塞进杯中。

❸ 加入适量清水。

❹ 放入绿羽毛。

❺ 加水到合适的高度，放入芙蓉莲即可。

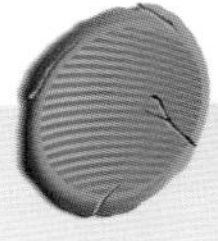

Tips

铁丝有一定硬度，用酒杯绕圈后，塞入酒杯时刚好可以卡在杯壁上，美观且不影响植物生长。

垂钓

如果对工作感到力不从心，也许是需要一根连接自己与梦想的“鱼线”，这样你才能感受到目标就在自己的掌控中。

材料

① 细颈高花瓶
② 玻璃杯
③ 金边常春藤
④ 常春藤
⑤ 迷你鸟巢蕨
⑥ 水晶石

❶ 将迷你鸟巢蕨清理好后放入玻璃杯中。

❷ 加入水晶石固定植株，适量加水。

❸ 往高花瓶中加水。

❹ 插入两种常春藤，摆好造型，添加适量清水即可。

Tips

组合摆放后，常春藤会向低矮的鸟巢蕨垂下，写意地表达垂钓的姿态。

热带雨林

热带雨林中包含各类植物，同时优胜劣汰，成为地球上最稳定、最有抵抗力的生物群落。一个成熟的团队应该像热带雨林那样，合作与竞争同在。

材料

① 球形小鱼缸
② 皱叶冷水花
③ 迷你鸟巢蕨
④ 罗汉松
⑤ 紫雪安妮网纹草
⑥ 金丝雀珊瑚蕨
⑦ 粉安妮网纹草
⑧ 石头
⑨ 勺子

❶ 在鱼缸中放入石头，种入罗汉松和迷你鸟巢蕨，做好构架。

❷ 种入植物填充空余的地方，调整好植物的位置。

❸ 用勺子顺着容器壁加入石头固定植物。

❹ 沿容器内壁加水，至最下面一个植物的根颈处。

Tips

这些植物的生命力都很强，但也要注意保证每个植物的根系都与水接触，且水不要淹到根颈。

海底世界

海底是一个神奇的地方，同时也是我们心所向往之处。大海有时看上去是波澜不惊，但海底却早已汹涌澎湃。如同工作，看似平淡无奇，却可以让人激情四射。

材料

① 方形鱼缸
② 绿羽毛
③ 珊瑚骨
④ 白玉石
⑤ 镊子

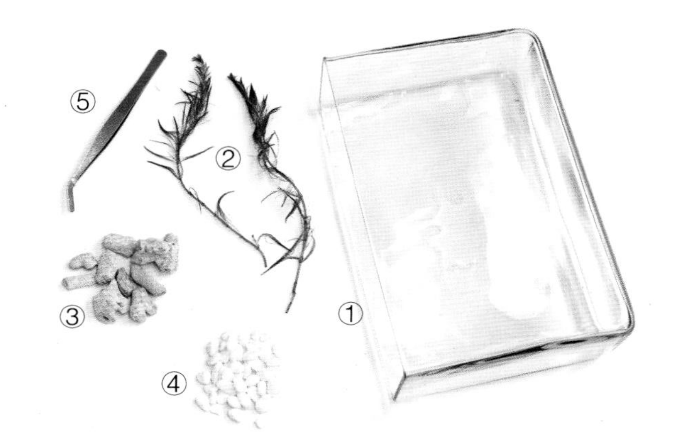

❶ 将白玉石洗净，放入鱼缸中。

❷ 加入珊瑚骨，增加层次和质感。

❸ 加部分水，用镊子平行夹住羽毛，种入石头中。

❹ 加满水，让羽毛自由漂动。

Tips

根据容器的大小修剪绿羽毛的长度，基部2~3cm处的叶片要去除干净，以免种入石头后腐烂。

Tips

苔藓与莫丝之间有附着力，苔藓包裹上莫丝后轻轻捏莫丝球即可，不用捆绑鱼线。生长一段时间后它们会紧密贴合。

抹茶冰激凌

忙碌了一周的你，终于迎来了假日，来一个抹茶冰激凌犒赏自己吧。香甜的滋味是味蕾的享受，也是身心的放松。

材料

① 高脚酒杯
② 莫丝网片
③ 罗汉松
④ 水苔
⑤ 苔藓
⑥ 鱼线
⑦ 水晶石

❶ 将水苔做成球状。

❷ 在水苔外包裹一层苔藓，用鱼线缠绕固定。

❸ 再包裹上一层莫丝网片，轻轻捏合成莫丝球。

❹ 在高脚酒杯中放入水晶石。

❺ 种入罗汉松，放入莫丝球。

❻ 加入水晶石以增加灵动感，加适量的水即可。

竹畔泛舟

“撑一支长篙，向青草更青处漫溯”，寻梦之旅，道艰且长，唯有坚持，才能“满载一船星辉，在星辉斑斓里放歌”。

材料

① 竹节形容器
② 粉掌
③ 心愿蕨
④ 富贵竹
⑤ 罗汉松
⑥ 水洗石

❶ 将水洗石洗净，铺入容器中。

❷ 种入粉掌，用水洗石固定其根部。

❸ 插入富贵竹。

❹ 种上心愿蕨和罗汉松。

❺ 加水到合适的高度即可。

Tips

将插花艺术融入水景小花园的制作中，既可享受插花的乐趣，又能静待植物的生长。

高山仰止

“高山仰止，景行行止。虽不能至，然心向往之。”崇高的职业道德令人敬仰，是我们人生必修的重要一课。

材料

① 黑色浅盘
② 文竹
③ 水苔
④ 莫丝
⑤ 白玉石
⑥ 喷壶
⑦ 鱼线

❶ 将文竹根系清理好后，包裹上水苔。

❷ 在水苔外包裹上一层莫丝。

❸ 用鱼线缠绕莫丝球，固定莫丝。

❹ 浅盆中放入白玉石和植物，将莫丝球底部与容器贴合。

❺ 在盘中加水，并用喷壶喷湿莫丝球即可。

Tips

缠绕莫丝球时可上下晃动鱼线，使鱼线隐藏起来。每天要喷水以保持莫丝湿润，生长一段时间后，鱼线就看不到了。